目次

關於封面
大宅先生的咖啡豆烘焙基本上是四個階段。
壓平的袋子上面有著相稱的咖啡豆版畫，
本期的封面是將咖啡豆依照烘焙的深淺度，從深到淺依序排列。
最左邊淡綠色的豆子，是烘焙前的生豆。
攝影師日置先生在高橋總編輯從巴黎買來的古董亞麻布上，
排好大宅先生裝烘焙豆的袋子和咖啡豆，拍下了這張照片。

特集1

九州・福岡的家具創作家　村上孝仁

溫潤的家具與生活

家具，本是為了生活需要而產生的。
我認為機能齊全也會與美感相呼應。
村上先生打造的「hizuru」家具，正是一種「創作」的家具。
有點懷舊，但又帶著新意。
與其說是性能好，其實更是非常自然的家具。

文—高橋良枝　攝影—廣瀨貴子　翻譯—褚炫初

這是一張像是在凳子上加了靠背的椅子。背板支架的弧度以及木板的大小醞釀出可愛的魅力。

「展示家具的住家和工作室，都是很舒服的空間。有機會請務必去探訪。」

由於三谷龍二先生讚譽有加，還有收到《日々》讀者寄來「村上recipe，真的很棒」的電子郵件，也支持了我，成為我拜訪村上孝仁先生的契機。

「村上recipe」，是為村上先生的藝廊訪客而開設的茶館，據說1～3月休息，平常一個禮拜也只不定期營業3天。

提出採訪申請後，才聽說至今為止，所有約訪都被他斷然拒絕。會不會是很難相處的人呢？抱著一絲忐忑不安，我踏上了旅程。沒想到在福岡機場見到的村上先生，卻是個有如陽光般的青年。

往福岡市中心的郊外走，越過低矮山頭，悠閒的田園景緻在眼前展開。路邊有棟古老的民宅，就是村上先生的自家兼工作室。

一位高䠷的女性微笑著出來迎接，原來是他的妻子麻衣小姐。

村上孝仁、麻衣夫婦站在堆著柴火的玄關前，為了讓不擅於面對鏡頭的麻衣小姐展露笑容，邊拍攝還邊說著笑話。

雖然村上先生說「因為房子縱深很深，所以房間裡面非常暗」，但冬天斜射的陽光還是照進了房子裡面，光影產生了細微有趣的變化。

在自己將農家母屋*改裝而成的寬廣藝廊裡，擺放著各式各樣的原創家具。

在隔間全部拿掉、三間木頭地板與一間榻榻米構成的空間裡，村上先生的家具擺放得恰到好處。那些家具雖然是新的，卻與老房子很自然地融為一體，流露出溫潤的氣氛。

家具的櫥櫃上不經意地擺著陶器與木製小湯匙，沐浴在冬天橙色的陽光下。

除了桌椅、櫥櫃等家具，還有將老舊椅面塗成藍色、椅腳用鐵做成的可愛板凳，或是讓人摸不透用來做什麼、附有抽屜的小檯子等等，自由自在的創意，讓人不禁覺得，他完全不拘泥於家具應該是什麼樣子。

走進玄關後的正前方，整片窗外的景致在屋裡延伸開來。

放在榻榻米房間的小矮桌作品。

麻衣小姐親手做的起司蛋糕。

關於在哪裡學做家具的問題，村上先生這樣回答：

「是自學派。剛開始從放盆栽的架子做起，到有人委託店鋪的室內裝潢，並且製作搭配的桌椅，不知不覺就做到現在的樣子了。」

不自大不張狂，訴說自己的經歷。大概是一想到有趣的點子，便自顧自地做出來，然後不知不覺便走上家具這條路吧。他始終是一派自然。

2003年開始，他成立了住家兼藝廊與工作室，並且和相戀10年的女友麻衣小姐結婚，開始認真製作家具。

*譯註：日本傳統建築樣式，指房屋的中心部分。

不同形狀與材質的椅子，
以安詳的姿態，
佇立在房間各個角落。

兒童座椅。木製，椅腳做成斜的所以很穩固，感覺就算孩子有點難控制也沒問題。胡桃木、樺木，寬355mm、深300mm、高690m

鐵椅腳上了白漆的三腳凳。椅面是木頭，塗裝的痕跡和花紋，有如晴朗冬夜冉冉升起的滿月，非常有趣。柳桉木、鐵，直徑280mm、高430mm

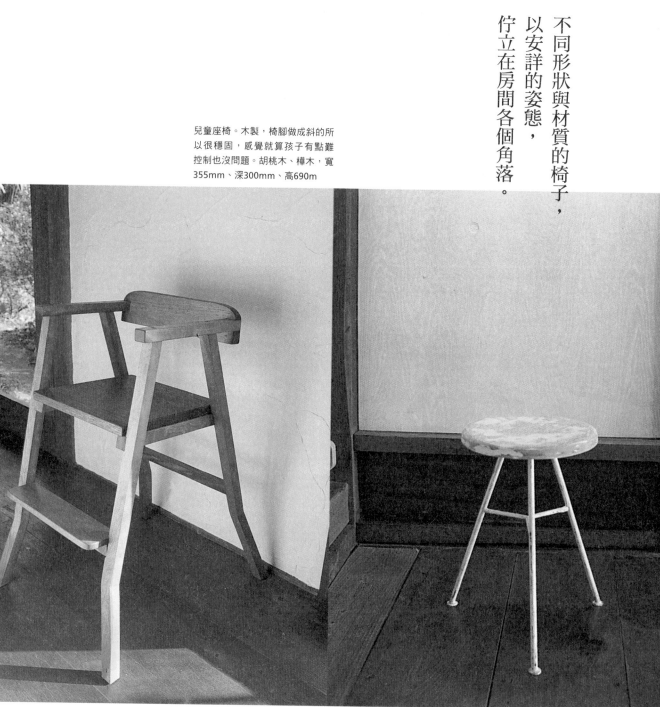

可愛的椅子，椅面是愛心的形狀。
三隻椅腳是鐵製的，灰藍色的斑駁塗裝，令人搞不清楚是老舊還是時髦，反而更有情趣。鐵、舊木，寬370mm、深400mm、高710mm

輕巧地放在玄關土間，椅子？小桌子？鐵鑄的腳架和木頭面板拿來當成裝飾用的檯子，或者放在床邊感覺都很不錯。胡桃木、鐵，寬365mm、深365mm、高550mm

從木工機器到小鑿子，排列得整整齊齊的工作室裡，小白兔「櫻花」也住在那兒。

「我啊，很不中用，小時候的玩具模型也全都是哥哥在做，他都說我很笨拙。」

他邊說，邊拿起小木片開始做起湯匙。說是從２００６年三月左右，為了辦展覽而「做出興趣來」，然後持續做到現在，完全看不出笨拙的一面。

「但是，當我看到三谷先生的作品，就感覺到『啊！跟大家都不一樣』。」

於是自己分析，這應該是這個時代可以走下去的路。

我問他對於製作家具，考慮到力道拿捏，應該很辛苦吧？結果村上先生回答：「不懂的話就去找那些創作家具的前輩，請他們指導，同時在錯誤中也不斷做下去。」

他經常使用胡桃木、櫟木、櫻花木或舊木材來當材料。最喜歡的是柔軟有著美麗木紋的「核桃木」。另外，鐵也是他所喜愛的材質。

在一邊講話一邊動手的村上先生身邊，暖爐裡柴火燒得紅通通的，一隻大大的白兔看起來很舒服地睡在前面。

「牠叫作櫻花。大概七年前朋友送的，取了名字以後才發現是公的。」

麻衣小姐笑著說。

這麼說來，工作室前面有曬乾的青菜，那是要給白兔吃的食物。

「因為牠們不能碰水嘛！」

這對夫婦，無論是創作家具或生活，都散發著自然柔和的氛圍。

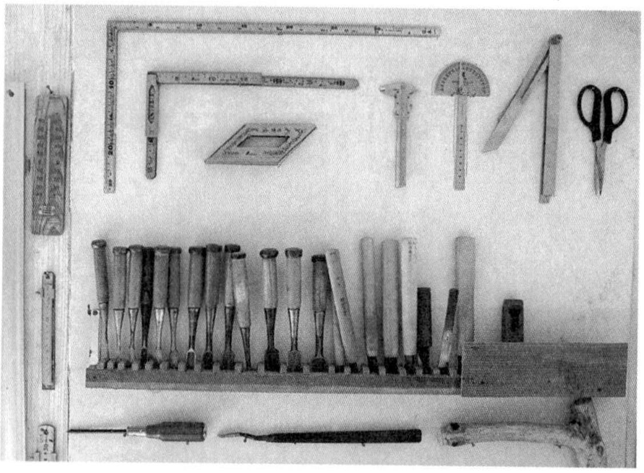

牆壁上，鑿子和雕刻刀像作品般整理得乾淨美觀。

聽說兔子的平均壽命是5～10年，所以櫻花已經快變成老人了？

用雕刻刀削著木湯匙的村上先生，就像孩子沉迷於玩樂般，雖然認真，臉上表情卻很滿足。

在菜園裡聊天的村上夫婦與飛田和緒小姐。水菜中間採得光禿禿的部分，是因為「昨晚用來煮火鍋了」。

住家對面就是麻衣小姐的菜園，想要的東西就先做看看，這就是村上的風格。

在他們自家前面的那條路，對面有麻衣小姐的菜園。種了水菜、菠菜、春菊、青江菜、還有洋蔥等等。

「請教過房東才開始種的。」

這麼說著的麻衣小姐，其實是出生於福岡的城市孩子。高中畢業後，到福岡大榮鷹隊（譯註：現更名為福岡軟體銀行鷹隊）打工當吉祥物布偶，認識了一起打工的大學生村上先生。他們從那時開始交往了10年才結婚，在城市長大，卻跑到鄉下生活，真的沒有問題嗎？

湯匙與木盤。

煙燻機。

咖啡煎焙器。

「好像是她比較喜歡這種生活方式，所以沒有任何抗拒就住下來了。」

麻衣小姐就這樣在村上先生身旁微微笑著。她31歲，不只是種菜，還包括給藝廊訪客用的糕點與料理，每件事情看起來都做得很開心。

講到這裡，肚子餓了吧？客氣的她端上來的飯糰和玉子燒，不但好吃，擺盤用的南天竹葉，也非常美麗。

「她想要的東西，在買之前會先試著做做看。」

因為如此，他做出了煙燻機、咖啡的煎焙器、還有湯匙和各式器皿等等。與我同行的飛田和緒小姐拜託他，一定要幫忙做一台煙燻機。

由村上先生打造室內陳設與家具的咖啡店或飯館，隨處盡是溫馨

村上先生第一次做室內設計裝潢的店家，是這間叫做「FURA」的咖啡廳。這是麻衣小姐母親開的店，他笑著說：「因為可以隨我喜歡去做，所以才接受委託，但是中途曾有早知道就不要答應的感覺！」

「FURA」在博多，因吸引了某些客層而成為有名的咖啡館。

「看到他的家具時，就覺得開店時想要委託這個人，結果現在變成女婿。」老闆平野千繪子女士說。

麻衣小姐極為迷人，她的母親也是位非常有魅力的女士。

飯館「TENOGI」的氣氛也很懷舊，由一對年輕夫婦經營。

「FURA」與裡面的老闆娘。

在四點五坪的狹小空間裡，擺放著村上先生的桌椅以及千繪子女士的手作聖誕老人木雕等，整個空間充滿了溫馨的氣氛，看起來舒服極了。

我們另外探訪了一家叫做「TENOGI」的飯館。這是因為要吃午飯了，由村上先生所介紹的。在一間平房裡，店名隨意寫在豎立的小黑板上，猛一看不像是店家。

六種定食套餐也全都用手寫，村上先生、飛田小姐、攝影師廣瀨小姐和我，分別點了不同的套餐來吃。套餐的內容除了主菜，還有三碟小菜，以及放在木盒裡的白飯和味噌湯，每一道真的都非常好吃。

裡面的餐桌也是村上先生的作品。我們有幸能稍微介紹一下，這間充滿懷舊氛圍的店家。

生活與器皿❹
「防熱布」
久保百合子（造型設計師）

我現在都用鐵瓶煮水。鐵瓶用完一定要保持內部乾燥，若殘留著溼氣，瓶內很快就會生誘，所以每次煮水時都只煮剛好要用的水量。

最近在泡咖啡時，在鐵瓶中注入所需的水量，而且都拿捏得很準。若要泡兩杯就只煮兩杯份的水，有時多一點是要溫杯用的，控制得非常精準，自己都有點得意。

當感覺已能做到不需要量器或是水杯，也不用看教科書或是用計時器，就是「相信自己的直覺！」，因此咖啡也煮得比以前更好喝了。

鐵瓶非常燙手，所以一定要有防熱布。這個使用皮與麻布兩種異質材料的時髦防熱布是皮革設計師村上雄一郎與二子玉川生活雜貨商KOHORO合作的產品。墊在水壺下，也完全不會變冷，保溫效果十分驚人，真不愧是皮革製品。　KOHORO ☎ 03-5717-9401

大宅稔的咖啡豆講座

磨咖啡豆時，磨出來的咖啡粉粗細大約是一般米粒的三分之一～二分之一左右，這是最能平均表現咖啡美味的粗細度，同時，就算是從咖啡豆磨成粉的過程中產生熱能，或是咖啡機以過熱的水沖泡時，仍能讓咖啡本身美味不致於散失。

咖啡的味道濃淡取決於咖啡粉的分量、濾紙的種類、張數、萃取時間等等。此時，咖啡粉的粗細度就是能否沖泡出美味咖啡的關鍵。

使用較好的磨豆器具，可以再磨得細一點。若是在家自己磨，使用手搖式磨豆器比較好。

要泡出好咖啡，磨到這樣的粗細度最合適。

文・造型—久保百合子　攝影—公文美和　翻譯—王淑儀

特集2

醞釀出清爽舒適的日日

亞麻床單

《日々》的夥伴每個人都很喜歡亞麻。
因為工作關係，經常會用到桌布，
除此之外的布料，大多也用亞麻。
這次來看看料理家飛田和緒、松長繪菜、米澤亞衣是怎麼使用亞麻的。
當床單不只是床單，
它也可以是桌布。
愛亞麻的人，自然會發展出各種用法。
同時也請亞麻達人
米田倫子小姐來說說亞麻的材質魅力。

文—高橋良枝　攝影—廣瀨貴子（p.14～17）・日置武晴（p.18～20）・公文美和（p.24）　翻譯—蘇文淑

飛田和緒／出版過《兩個人的便當》等。花之子從2007年4月起去上幼稚園的幼幼班。這時剛幫她做完圍兜、手提袋、名條等，過著每天接送她上下課的生活。

飛田和緒的用法

親子三人披上一張雙人床尺寸的床單躺成「川」字形睡覺

飛田和緒生下了花之子後，就搬到了海邊。現在已兩歲多的花之子，真是可愛得不得了。

「很活潑呀！只要醒著就動個不停，我一刻也不敢把眼睛從她身上移開。」

連睡著時也動來動去，於是飛田就把兩張雙人床併在一起，讓加奈子睡中間，一家三口躺成「川」字形睡覺。

雙人尺寸的淡紫色大床單，三個人也蓋得很舒服。

「有時候我先生不在，家裡只有我跟花之子，一不留神，她已經睡到我腳邊，蜷成一圈，快掉下床了，真危險。」

飛田家的床墊鋪上有鬆緊帶的亞麻床包，夏天則愛把雙人尺寸的亞麻平單拿來當成床被，或用觸感柔順的綿紗被，枕套則跟先生不同色。

「因為我家常有人來住，易乾的亞麻可說是我家的必需品呢。」

除了床單外，浴巾之類的東西也大多用亞麻。

床上對花之子來講，也是個愉快的遊樂場。一下子躲在床單裡躲貓貓、一下子哄騙心愛的小熊玩偶睡覺，沒一刻安靜。

「像花之子這麼小的孩子真的很會流汗，睡著時也會大量出汗。亞麻的吸水性好，很適合當成小孩的寢具。」

飛田說著，為花之子拭去額頭上的汗滴，臉上帶著慈母表情。

床上也是遊樂場。花之子喜歡亞麻的舒適觸感，心情很好呢。

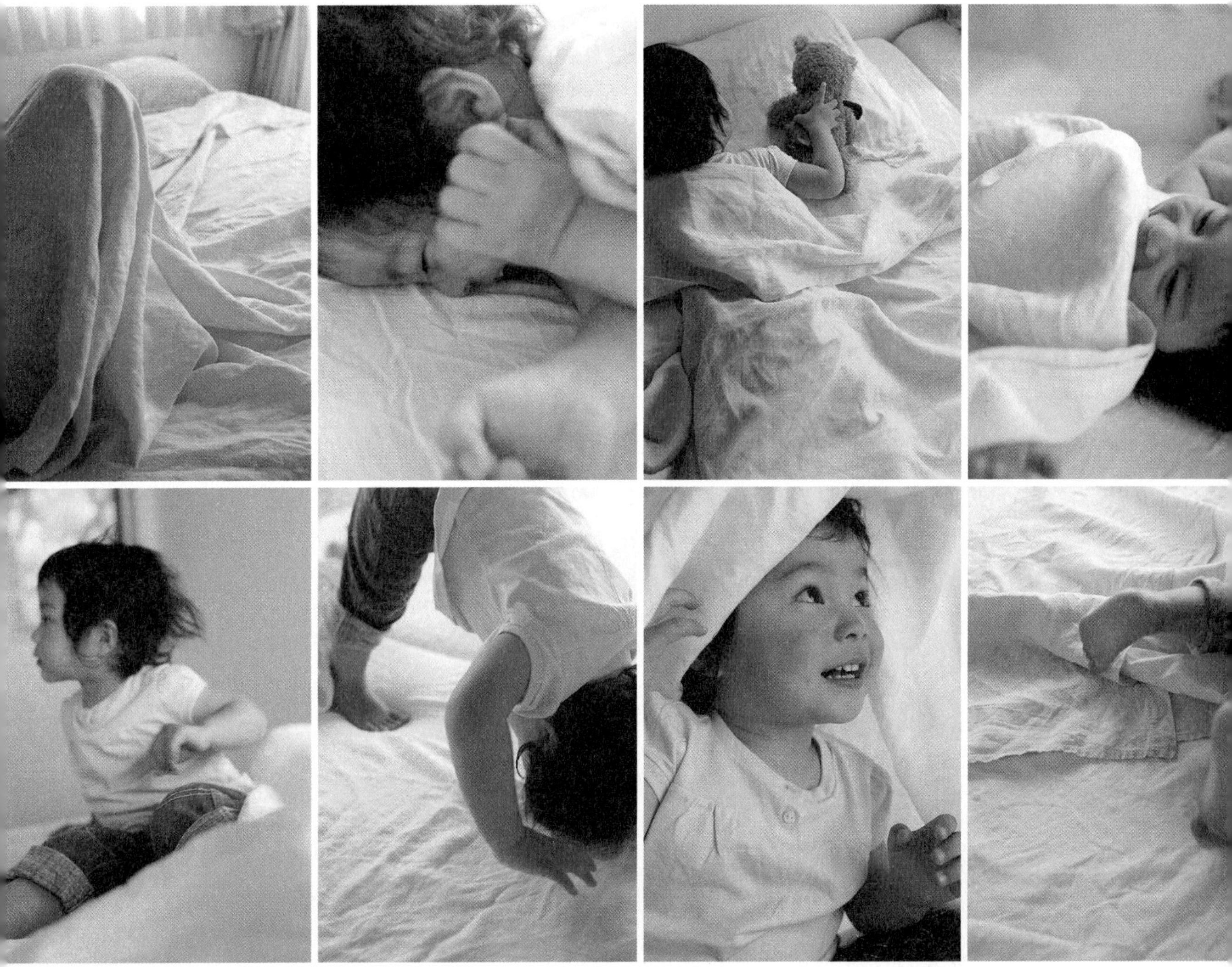

松長繪菜／出版《cook book》（女子營養大學出版部）後，總算能稍微喘口氣。目前正在構思下一本書，同時也享受製作點心的日日生活。

松長繪菜的用法

喜歡把亞麻平單當成桌布使用

松長繪菜的工作室兼住宅，是位於公寓大廈內的3LDK。所有房間都用白牆搭配上亞麻窗簾，點綴著繪菜喜歡的物品，呈現出統一又如同藝廊般的風格。

「這張床單是在法國Vanves跳蚤市場裡買的，已經停產了。」

在兩張顏色稍有不同的米沙色床單上，繡著一些圖樣。300×240cm的床單對摺後，拿來鋪在135×75cm的木桌上，垂下來的布料剛剛好。這真是繪菜風格的妙用法。

簡潔的木桌上一鋪上桌布，氣氛為之一新。

「光是多一塊布，整個空間就像施了魔法一樣，氣氛都改變了，真開心。」

所以她連自己一個人吃飯的時候，也不把桌布拿掉，覺得只要盡量讓心情豐富，生活也會隨之燦爛。繪菜微微笑著。

廚房的營業用冰箱大約有70公分高，幾乎與餐桌同高，上頭也蓋了塊亞麻，這是把計碼賣的亞麻布對摺使用。

「我很喜歡亞麻的質感。」

松長繪菜的房間就如同她的餐點，散發出一種甜美的氣息，但同時又有股說不出的清逸，交織成繪菜獨特的風格。

房間一角的邊桌上，總是落落大方地點綴著當季花卉。

松長繪菜出手，果然有她的風格。
幽明的蠟燭配上茶具、餐點，就很
出色。托盤採用原色的大盤。

米澤亞衣／2007年4月時出版了第二本食譜《義大利食譜a spasso per l'Italia》。每年多次前往義大利，擴展料理視野。

米澤亞衣的用法

每次去義大利，都會帶回舊亞麻床單

「所有的布料裡，我最喜歡亞麻接觸到皮膚時的觸感。」

所以米澤亞衣收集了很多舊亞麻床單。

「去到北義的布拉（Bra）這個城鎮的舊貨店，會看到亞麻床單一直堆到天花板那麼高呢。」

米澤亞衣的浴室櫃子裡，整齊地堆疊著十幾張從那家店買回來的舊亞麻床單。

房裡除了床外，就只有一件裝飾物。喜歡花的米澤亞衣，也在房裡插花裝飾。

其中有的繡著白色花朵或姓名縮寫，有的上頭有其他布料修補過的痕跡，質感都很相似。

「跟鬆軟的布料相比，我比較喜歡亞麻硬挺的質感，所以一看到喜歡的就買。」

這些亞麻都是白的，但白亦分成了很多種，織目的粗細也殊異不同。

「這一件是我住在父母家時，我媽準備的，一直用到了現在。」

上頭繡滿整片白花，是張相當精緻的手工舊床單。從這件床單上，也看得出母親對於她的疼愛。

冬天時，米澤亞衣會蓋一件從摩洛哥買回來的羊毛粗織白毯，夏天則把亞麻的床單當成床罩來使用。她喜歡亞麻，喜歡到從床包、床單、床罩統統都是舊的亞麻布。這間以白色為基底的臥室中，亞麻為空間帶來一股清爽的氣息。

米澤亞衣雖然一個人住在偌大一間獨棟房子裡，但沒有一個房間堆放多餘雜物，清爽而簡淨。

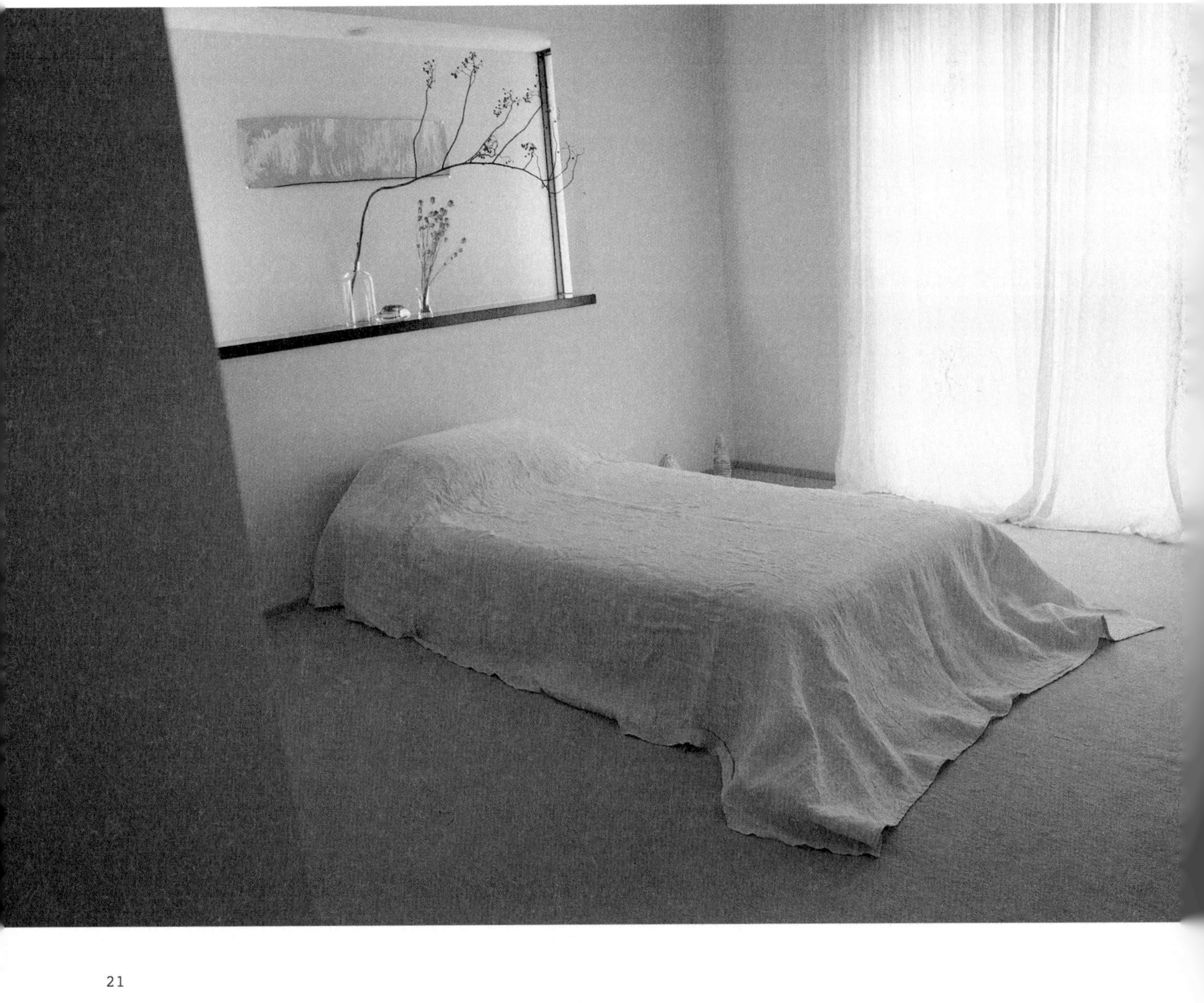

「the linen bird」米田倫子推薦的

亞麻生活

亞麻布愈洗愈柔和。
無論是接觸到肌膚時的舒適性與耐用性，都是很有魅力的材質。
就讓米田小姐帶我們更進一步地了解亞麻的實用小知識。

1

Q 我想大家都知道亞麻很棒，但如果想在生活中進一步地活用，除了可以拿來當成桌布外，請問還有什麼建議嗎？

A 我想推薦大家善用「平單式床單」，如果是有鬆緊帶的床包式床單，因為剛好可以把棉被或床給包覆起來，使用上當然就會受到限制。可是沒有鬆緊帶的「平單」，就有各種使用方法了。

像我在夏天時連毛巾毯都不蓋，直接蓋一張亞麻平單。日本的夏季很潮溼，所以不管是被套或墊褥，都很建議大家用亞麻製品。我本身對於冷氣敏感，可是睡覺時只要披一張亞麻床單，就算不開冷氣也能睡得很舒服呢。

2

Q 所以亞麻在特性上就很適合拿來當成寢具嗎？

A 是的。除了觸感清爽舒適外，我想它的高吸水性、快乾性都很適合當成寢具。就算流汗，亞麻布也不會讓人覺得黏答答的。此外，亞麻除了可以於夏季使用，冬天用時也很舒服。

亞麻的織法並不像棉花那麼平，因此會含進多一點的空氣，不像棉質床單剛碰到時會覺得冰冰的。冬天鑽進被窩時，亞麻讓人覺得很溫暖，所以用亞麻寢具的人對於它在冬天的舒適性也都很滿意。

3

Q 《日々》的夥伴，幾乎每個人都用亞麻床單。平單式床單有很多變化，真的很棒。

A 沒錯。說起來，平單式就是一大塊布，所以可以把它拿來當成桌巾，也可以當成沙發套或窗簾。雖然價格比棉質的貴一些，但舒適耐用，其實一點也不貴。

在歐洲，市面上也有二手的亞麻床單，可見亞麻是能禁得起長久使用的材質。在一次又一次的清洗後，亞麻會從一開始的堅挺轉變成舒適柔軟的質地，這種變化也是使用亞麻的樂趣之一。

如果布料不小心受損，建議大家可以裁掉損壞之處，改成枕頭套或抱枕套來善用到最後。

4

Q 聽說以前歐洲女性出嫁時，會帶一整套的亞麻寢具跟亞麻桌布等生活必需品？

A 是的。買二手亞麻布回來時，會發現有些上頭繡了姓名縮寫，那就是新娘的姓氏。比較常見的是紅線刺繡。「the linen bird」也提供姓名縮寫的刺繡服務。

有一些舊亞麻布上，會繡上精緻的白色百合花等，我想，這一定是母親在女兒出嫁前，帶著祝福的心意一針一線的作品。有時候我們也會發現某些床單上有用布修補的痕跡，可見擁有者曾經多麼地珍惜。

5

Q 不過亞麻布給人的印象就是易皺，很麻煩，怎麼處理比較好？

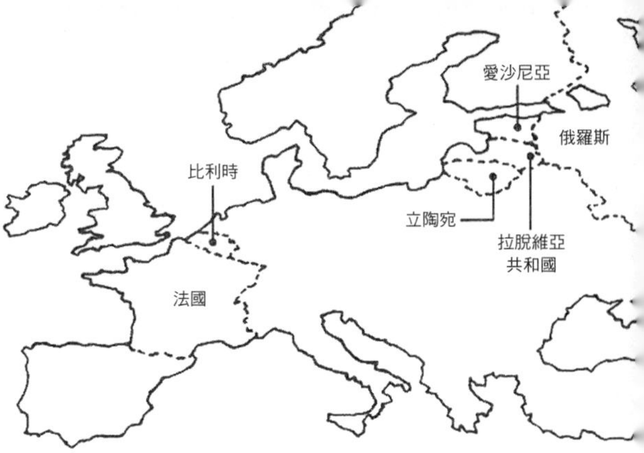

A

我想不妨從另一種角度，把這當成是亞麻的材質個性來欣賞。如果亞麻上頭沒有很精細的刺繡或使用特別織法，可以丟進洗衣機裡洗。當碰到水溶性污漬時，只要盡快用溫度高一點的溫水清洗，就能很快洗淨。另外，為了不傷及纖維或褪色，最好別使用含漂白劑的洗衣精。

如果硬把皺痕拉直、晾在大太陽底下，很容易造成褪色，如果在乎這一點，就請盡量陰乾。亞麻是種很易乾的材質，就算把一大塊布摺起來晾乾也沒問題。

晾乾時，只要摺整齊，那麼晾乾後的亞麻布就會很平直。如果是丟進烘乾機裡烘乾，會造成亞麻布縮水，因此基本上要避免使用烘乾機。使用熨斗時，可以趁著還有一點濕氣時熨燙，很快就能把皺痕燙平了。

有些亞麻布在製作時會上漿，以便紡織，或在染色後上藥水以保持色澤。這些布料如果會接觸到皮膚，請先洗過再用。洗時讓整塊布充分浸水之後，再清洗。

米田倫子／亞麻專賣店「the linen bird」老闆。於東京Midtown開設比利時「LIBECO HOME」日本分店。

6

Q

日本人從以前就把「麻」當成夏天的材質來使用，而「linen」這個字在日文裡也叫做「麻」，不過這兩種不一樣吧？

A

在日本，所有用植物纖維做的布織品都統稱為「麻」，所以「linen」也是麻的一種，但麻並不等於linen。

Linen的原料取自一種稱為Flax的一年生植物，會開出可愛的藍色小花，稱為亞麻。用這種植物的莖纖維所做的線織紡出來的布，就叫做亞麻布。據說這是人類最早利用植物做出來的布料。除了亞麻外，還有黃麻（Jute）、大麻（Hemp）、苧麻（Ramie）等，但以亞麻的布質地最軟。

7

Q

麻料和服在日本是非常昂貴的和服，是因為日本沒有栽種亞麻嗎？

A

亞麻以比利時跟法國生產的品質最好，另外像是波羅的海三小國、俄國跟中國均有栽種。這些國家生產的原料輸送到世界各地去，製成亞麻布料，而日本並沒有特別栽種產業用的亞麻。

加拿大栽種的亞麻是為了收穫種子，而不是取用纖維。從種子做成的亞麻仁油（Linsees Oil）可食用，也可當成油畫的稀釋油。

所以跟大量生產的棉花或化學纖維相比，亞麻的產量較少，製成纖維、布料時的製程也需要一些相關技術，因此價格比較貴。

到亞麻專賣店挖寶

保證帶來一夜好眠的亞麻床單

一張亞麻床單，能讓人全身體會到亞麻的舒適清爽。也許有人會覺得：「亞麻有點貴呢。」可是如果考慮到使用上的彈性與耐用性，會發覺價格其實很合理。亞麻床單依織法、用線的不同，分成許多不同的質感。用色、圖樣、刺繡等也呈現出相當豐富的變化。請找出一張適合自己的亞麻床單吧！

b

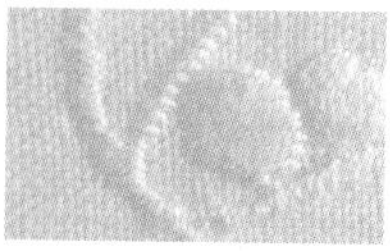

GRACE 平單式床單
白
180×300cm
Linen 100%
LIBECO LAGAE
the linen bird

a

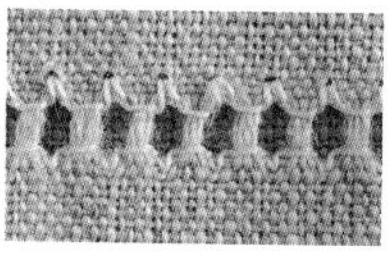

VICTORIA 平單式床單
原色
180×300cm
Linen 100%
LIBECO HOME
the linen bird

d

亞麻平單式床單
白
145×260cm
Linen 100%
fog linen work

c

BASIC 平單式床單
淺藍
180×300cm
Linen 100%
LIBECO HOME
the linen bird

e

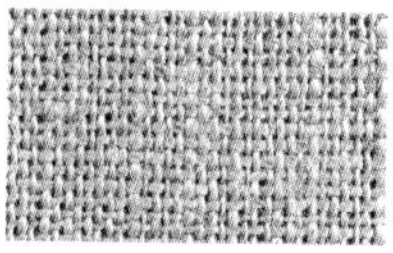

亞麻平單式床單
原色
145×260cm
Linen 100%
fog linen work

這五張平織床單實用又耐用，只要用過一次，就知道那觸感有多麼地舒服。蕾絲與刺繡的單品，更為生活帶來一絲高雅的情調。

the linen bird 二子玉川

東京都世田谷區玉川3-12-11
☎03-5797-5517
㊫10：30～19：30　㊡過年期間
http://www.linenbird.com/
這是在上一頁曾給我們許多建議的米田小姐所開設的亞麻專賣店。位於多摩川附近的清幽小路上，搜羅了許多寢具、廚房用具與衛浴相關亞麻用品，其中更有比利時老鋪 LIBECO 的多種品項，也提供計碼裁布販售，可以買來製成適合自己的亞麻用品。

fog linen work

東京都世田谷區代澤5-35-1
☎03-5432-5610
㊫12：00～18：00　㊡週六、日、國定假日
http://www.foglinenwork.com/
店內提供的原創亞麻製品簡潔而充滿魅力，這些布料由立陶宛的合作工廠生產製作，包含各種為日常生活而設計的桌布、袋子、衣物、寢具、毛巾跟各式手工藝製作時會用到的物品。店內不定時舉辦手工研習會。

生活與器皿❺
「保鮮罐」

久保百合子（造型設計師）

這回搭配大宅先生的咖啡磨豆機，來介紹保存咖啡豆的保鮮罐。最近這幾年，參與醃菜製作的拍照工作變多了，可能是想越來越多人要留存當令食材的美味，進而動手製作吧。我也藉著拍攝的時候，學了幾道作法，因而每年可持續醃製的基本菜單也一點一點地增加著。

所以，保鮮罐也跟著變多了。但很奇怪，不論是「突然想要！」或是「拍照時要用到！」時，都找不到大小剛好的罐子。所以每次看到不錯的保鮮罐都會毫不猶豫地買下，因此，家中有好多等待機會出場的保鮮罐。

這次為拍照帶來的保鮮罐，最後裝了別人的豆子才帶回家。

這罐子是我有次去賞花回家的路上偶然逛到一家叫做「boil」的店裡看到的。它原本就是裝咖啡粉的瓶子，試著放進咖啡豆，發現大小剛剛好。黑色的蓋子與咖啡豆的顏色很搭。單單放在廚房裡，就有一種70年代美國電影的感覺！（可能只有我自己這麼覺得！?）讓人想就這麼放著裝飾就好。

大宅稔的咖啡豆講座

有台磨豆機讓我真心覺得它真是好用又美麗。

- 倒入咖啡豆時，豆子不會掉出來。
- 是否可以簡單調整磨豆粗細度？
- 即使是淺培的硬豆子是否也可以不費力地磨動？
- 是否方便清理？
- 放在廚房不會讓人覺得礙眼？

每天需要花工夫煮出好喝咖啡，從磨豆機這裡就開始如雕刻般將多餘的東西剔除。

鐵製的瓶身、電鍍上色的握把，與瓶身同一色系的塑膠握把頭，瓶身中央寫著製造廠商的名字「Konos Coffee Mill TOKYO」，帶有1970年代宗教建築混搭現代主義的風格色彩。

將葫蘆造型的中央處夾在兩腿之間，磨起豆子來就很輕鬆省力。

 文・造型—久保百合子　攝影—公文美和　翻譯—王淑儀

日日愛乾淨

擦地板——小事的修練

文—傅天余　攝影—李維尼

你每天早上起床之後第一件事是什麼？

我習慣喝一杯溫開水，然後開始擦地板。

使用的清掃道具很簡單，只有抹布、清水跟地板清潔劑。之前也嘗試過各式號稱省時省力的拖把，結果還是喜歡最原始的方法，跪下來，用抹布一塊一塊慢慢擦。

首先準備足夠的抹布。台灣的紡織產業發達，傳統菜市場裡賣的抹布不僅種類多、品質好、價格又便宜，可以說在抹布這件事情上我們實在非常幸福（笑）。我喜歡用一種純白棉織抹布，使用幾次之後纖維變軟了，握起來的手感非常舒服，吸水性也很棒。我習慣把數量大約七到八條抹布事先擰乾放在臉盆中，然後跪下來一氣呵成開始擦。

曾經在一本書上讀過這樣的描寫，作者是一位日本老太太，她感嘆在過去的時代並沒有各式清潔劑幫助女人打掃，以擦地板來說，會用米糠或豆渣來擦拭走廊的家庭已經算是相當豪華，一般家庭只用清水跟抹布來打掃，因此更需要主婦們專注重複同一個動作。

如今我們有許多清潔劑可以讓打掃變得更輕鬆。地板是家中每個人，包括寵物都隨時置身其中的空間，因此地板清潔劑的安全特別重要。美國品牌method的木頭地板清潔劑，不必使用清水稀釋，可以直接噴灑在地板上用抹布擦拭，純天然配方不必擔心污染環境，是我長年愛用的清潔劑之一。

另一款我鍾愛的地板清潔劑，是法國百年清潔劑老牌Rampal Latour所生產的經典洗潔劑「Savon Noir多功能亞麻油黑肥皂」，天然的配方讓人放心，淡淡的天然皂鹼氣味，沒有刺激的化學藥劑或人工香氣。只要把少量的黑肥皂液加入清水稀釋，不管地板、

家具、浴廁、廚房都可以使用，甚至可以用來洗狗。它的使用手冊上有一句宣傳詞說：「能夠讓你的腳底板體驗前所未有的舒爽」。光著腳走在剛擦好的地板上，確實最能讓人體會到做家事的幸福感。

在從前的老電影裡，經常可以看見主角們做家事的畫面。日本電影大師小津安二郎的電影中，女人們經常一邊擦地洗衣一邊聊著天。侯孝賢導演的作品《咖啡時光》開場，女主角一青窈在窗戶前邊晾衣服邊講著電話，劇情就在這些做家事的時光之間絮絮叨叨地延展開來。這樣的畫面在現在的電影中很少見了，即便拍了也肯定會被視作與劇情無關的廢戲而剪掉吧！這些看似無用的打掃時光，卻是我們日常生活不可或缺的一部分。

農人每日會早起巡田水，彎腰用手觸摸心愛的土地，住在公寓大廈裡的我們無法觸摸到真正的土地，換個角度來說，早起擦地板，不也像是一種農夫巡田的姿態？在一天的開始，對於培育日常生活的場所親自用手碰觸，懷著珍惜的心情把它打掃乾淨。

簡單的小事持續做就不簡單，幾年下來早起擦地板變成一個刻意維持的小小紀律，像是每天早晨的打坐、一種日常生活的修練。跪在地上，按照一定的方向與節奏專注擦拭地板，配合擦拭的動作伸展雙手與背部的肌肉，剛起床的僵硬肢體慢慢被喚醒、變暖。一邊擦拭，一邊在腦袋裡整理著今天工作的先後順序，夏天擦完往往也出了一身汗，沖個澡，踩著乾淨發亮的地板，悠閒的喝咖啡吃早餐，以這樣的心情開始一天真的很愉快。

每天早上15分鐘的修練，不如就從明天早上開始吧？

料理家米澤亞衣的私房食譜❺

義大利日日家常菜

聽說在義大利普利亞地區（Puglia）的鄉間野地裡，遍地開滿了芝麻菜跟香草。「只要摘個半小時，雙手都抱不住了。」芝麻菜入菜後的香氣，那可是誘人垂涎呢！米澤小姐這麼說。

料理・造型─米澤亞衣　攝影─日置武晴　翻譯─蘇文淑

1

番茄羅勒醬佐烤甜椒

Peperoni fritti con pomodori e basilico

夏季去到普利亞的菜市場，常會看見一種細長的青椒。尖而長，長得像魔女的鼻子一樣，似乎辣得不得了。但只要照一會兒陽光，綠意就會變得有點清透，滋味也柔和了起來。事實上，只要用熱油緩緩燙過，那出來的細微甘甜可真是叫人著迷呢。

■材料

甜椒或青椒──8條
洋蔥──1小顆
熟番茄──中型2顆
（或小番茄──約10顆）
羅勒──1枝
特級初榨橄欖油、鹽

■做法

- 甜椒（或青椒）洗淨後，擦乾。
- 在鍋裡倒入差不多能蓋滿鍋底的特級初榨橄欖油後，開中火。
- 將甜椒並排鍋中，不要重疊，蓋上鍋蓋，轉中小火悶烤。
- 中途翻面一次，讓甜椒整體稍微上色。等烤得綿軟後，取出來並排盤中，輕輕灑點鹽。
- 洋蔥切絲，番茄隨意切塊。
- 以中火，用剛剛烤甜椒的鍋子炒洋蔥。
- 讓洋蔥整體帶上油亮後，灑鹽蓋鍋蓋，轉小火蒸炒。
- 偶爾稍微拌一下，等洋蔥炒軟後，加入番茄，炒至軟嫩出汁後灑鹽調味，接著撕點羅勒灑上，關火。
- 均勻地淋倒在甜椒上頭。
- 可以的話，可盡量放上幾小時後再享用，會更入味。

＊可視喜好添加辣椒。

2

「迸開的」小番茄

Pomodorini schiattati

廚房一隅，番茄起了皺褶、甜度增加，那個人用小指頭前端那麼細的蝦夷蔥做出來的番茄醬汁，簡直像是天上才嚐得到的滋味。番茄看似變小，但那深紅色球體裡究竟蘊藏了多少的可能性？從這道菜裡，也可以窺見一二。

■材料

小番茄——40顆
蝦夷蔥——4根
酸豆（caper）——2大匙
黑橄欖（小顆含籽）——20顆
特級初榨橄欖油、鹽、辣椒（隨喜）

■做法

- 小番茄去蒂，對切。
- 鍋裡加一點點特級初榨橄欖油，將小番茄的切面朝下並排。
- 擺上蝦夷蔥，蓋鍋蓋，開中小火燒煮。
- 等番茄皮開始皺了起來，灑一點鹽，加上酸豆、黑橄欖跟切碎的辣椒。
- 轉小火，續煮一分鐘。
- 煮到連小番茄的芯也軟透，但形體還沒垮掉的時候，趕緊關火。
- 淋些特級初榨橄欖油。

＊schiattati在義文裡的意思是scoppiate，也就是爆開、迸開的意思。

＊小番茄最好挑選皮結實一點、比較甜的。如果還沒熟透，可以放在室溫下，偶爾上下翻轉一下，等到果身有點彈性後再下菜。

＊除了蝦夷蔥之外，也可用帶葉洋蔥（編按：洋蔥長成前的狀態）的綠色部分或細青蔥等來代替。

＊搭配鄉村麵包、義式烤麵包（Bruschetta）或佛卡夏麵包（Focaccia）都很好吃。

義大利日日甜點

米澤說：「這次打算來介紹點心。」所以帶來了兩道義大利人平時常吃的甜點（Dolce）。這兩道小點心各使用蛋白跟蛋黃製成，兩道都做的話，材料就一點都不浪費。

料理・造型—米澤亞衣　攝影—日置武晴　翻譯—蘇文淑

1

沙巴翁涅（甜蛋酒）

Zabaione

我還在韋爾杜諾（Verduno）的廚房裡工作時，負責的是不太擅長的甜點。一開始，我根本抓不準這個要不停打泡的甜品，到底要打到什麼程度才可以。主廚亞莉珊卓做出來的沙巴翁涅很漂亮，泡沫細滑，又帶了一抹光豔。

■材料（一人份）

蛋黃——1顆

瑪薩拉酒（Marsala Wine）——約半個蛋殼的量

砂糖——1大匙

■做法

- 在鍋裡加水煮沸，鍋子要比打泡用的調理盆小一點。
- 把所有材料倒入大的調理盆中（最後打發後，泡沫體積變大），用打泡機稍微攪打一下。
- 把調理盆擺在沸水鍋上，中火隔水加熱，用力打泡。
- 火太大的話，容易結塊，請隨時視情況調整火侯。
- 一直打到材料差不多可以輕柔地脫離盆底，或剛滴落時，看得出一些線條痕跡為止。
- 最後將輕綿細緻的材料倒入容器即可。

＊除了常用的瑪薩拉酒外，也可替換成紅、白酒（Moscato做出來的成品味道清爽）、義式咖啡或牛奶等個人喜好的飲品。

＊一次至少要用兩個以上的蛋黃，二人以上的份量較容易製作。

2

義式醜醜蛋白餅

Brutti ma buoni

那些日子，我常在韋爾杜諾的堅果林裡，與可愛的狗兒一起散步。入夏後，我注意到藏身在捲曲葉片中的渾圓果實已經成熟了。把那還沒乾透的果殼剝開，一咬下裡頭的純白果實，口中一陣難以言喻的微淡馨甜就這麼沁開來。秋天時被揀剩的果實，就繼續埋在落葉中，冬天便綻放出硬挺的乳白色小花。不知春天時，又將呈現出什麼樣的姿態？

■材料

蛋白——1個
鹽——1小撮
砂糖——200公克
榛果——50粒

■做法

- 烤箱預熱至200℃，將榛果放入烤20分鐘，至呈淡褐色為止。中途翻面一次，以免烤焦。
- 烤過的榛果等到不燙手後，剝掉果核上的薄皮，用刀子隨意切碎。
- 把蛋白跟一撮鹽巴倒入大調理盆裡，以打泡器打至起泡。
- 分三次加入砂糖，邊加邊打，確實打到當砂糖蛋糊舀起時，尾端呈堅挺狀為止。
- 加入碎榛果，用拌杓拌勻，小心別把泡沫拌掉了。
- 將烘焙紙鋪在烤盤上，以茶匙挖起大約一個果仁大小的砂糖蛋糊，甩在烘焙紙上，每一個砂糖蛋糊間留點空隙。
- 送入預熱至160℃的烤箱中烤20分鐘，呈現淡褐色為止。烤好後，從烤箱中拿出，攤在網子上冷卻。

＊Brutti ma buoni的義文意思是醜歸醜，卻很好吃，這是皮埃蒙特（Piemonte）地區的餅乾。此地盛產榛果，有各種用榛果做成的點心。

＊可把榛果替換成杏仁、堅果、松子等，也很美味。

＊不妨跟上一頁的沙巴翁涅一起享用，對照一下口感的差異之趣。

＊擺在去除濕氣的瓶罐內，可存放一段時間。

江戶前壽司 7
松下進太郎談

沙梭

咬下第一口時，沙梭微淡的甜味在口中擴散。第二口，則嚐到醋香，最後才引出昆布的香味，讓人知道它曾經以昆布醃漬過。俐落的刀工劃過魚身，如此輕盈而美好……。

這段話是我在第一次嚐到松下先生的「沙梭昆布漬」後，寫在筆記本裡的感想。平時我並不會把吃食瑣事寫進日記裡，那一次，大概是對味道留下很深刻的印象吧。

說是昆布漬，其實並不只是用昆布醃漬過，這道壽司還先經過一些處理，也就是因為有這些處理功夫，沙梭在松下先生的手下，呈現出細膩優雅的滋味。

「沙梭的皮如果不處理，那就很簡單。可是如果用熱水燙白，再把它泡進冷水，那皮質就會變嫩，所以這道功夫不能省。」

用鹽輕輕抹過、澆點熱水、再放進冷水，接著過醋、挑出魚骨，最後才是用昆布醃漬。醃漬時間只有短短15分鐘。

「再醃久一點，昆布就會變腥，那就不行了。」

接著切幾道2～3mm的長口，添上碎蝦末，一起捏成壽司。

「聽說沙梭握壽司是從江戶文明裡發展出來的。沙梭的漢字，寫成魚字旁的『鱚』，所以被認為能帶來好兆頭，加上它魚身透白，讓江戶人的風雅之心起了興趣吧？

據說一開始時，有昆布漬跟醋漬，很受歡迎。沙梭的味道很細膩，要如何保留住它的清甜，又能引出昆布的香氣，這點要很用心。」

我一想到這麼一條小魚身上，耗費了這麼多力氣跟時間，不免覺得一口下肚，對人家實在不好意思。

「我們下功夫，就是為了要讓客人覺得好吃嘛。吃的時候請不要沾醬，直接這樣吃即可。」

沙梭昆布漬

昆布漬

把昆布表面擦乾淨，沙梭並排在昆布上，不要重疊。包上保鮮膜後，以普通重量的重物壓鎮15分鐘。

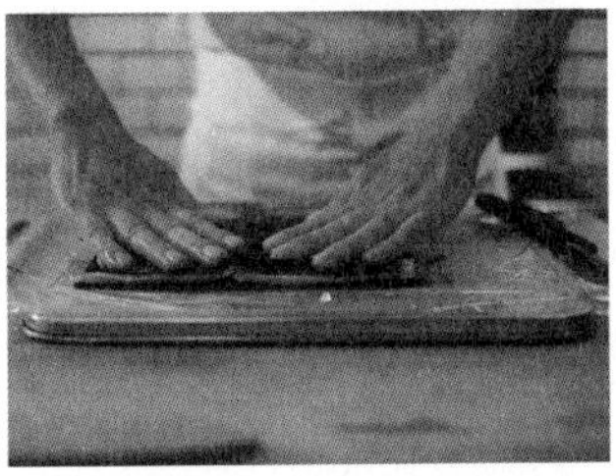

過醋

將水與醋以8：2的比例調勻，輕輕過個醋，再用小鑷子夾出背骨跟細魚刺。

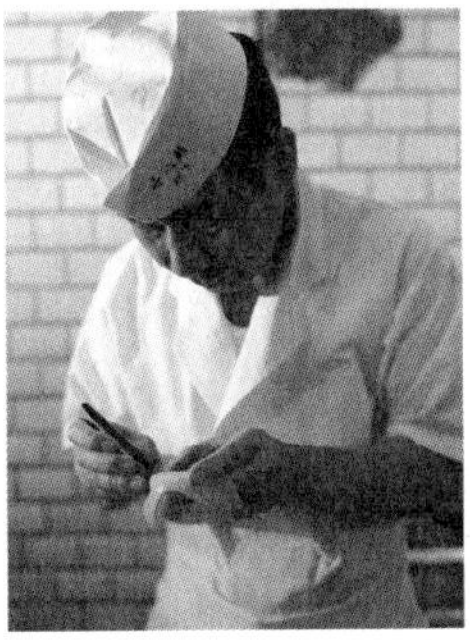

汆燙

沙梭切開，抹鹽靜放20分鐘後，放入乾淨的水裡10分鐘。接著背部朝上，攤在濾網上，以熱水燙白後，馬上放入冷水中。

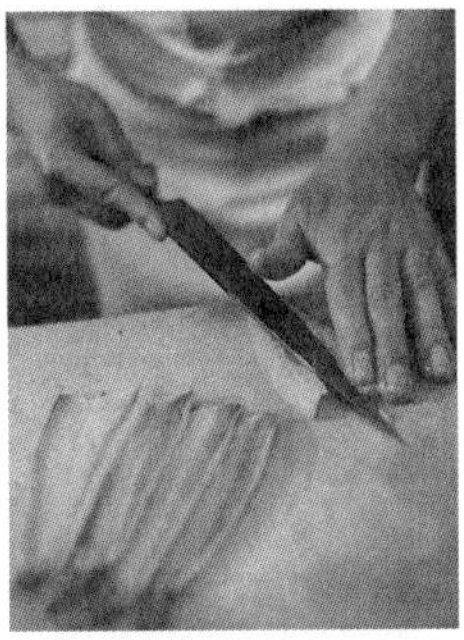
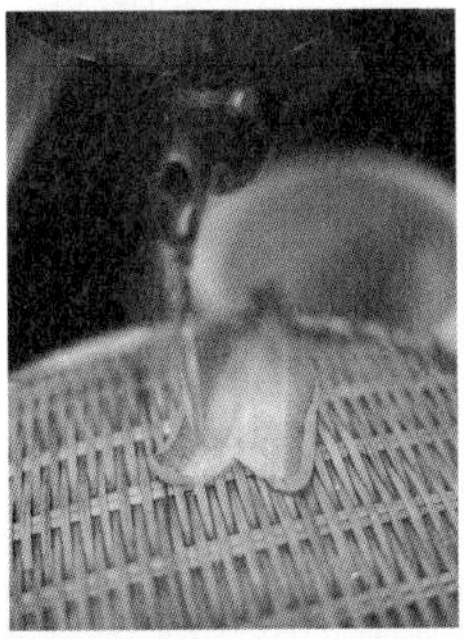
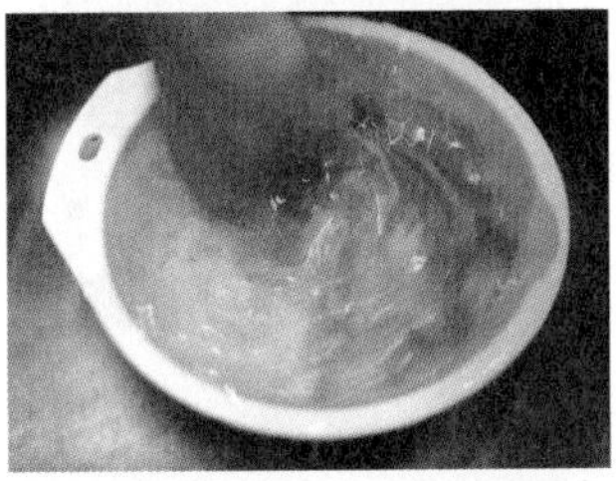

文—高橋良枝　攝影—日置武晴　翻譯—蘇文淑

松下進太郎談
江戸前壽司 ❽

星鰻

星鰻握壽司在江戸前壽司裡是相當絕美的一品。口感柔嫩，入口的瞬間在口腔裡化開，醬汁也濃郁香醇。

東京灣星鰻的產季，是初夏到盛夏的這段期間。這時節的梅雨，從山上帶著養分流入海灣，讓一輩子只產卵一次的星鰻獲得絕佳的海水恩澤。此時的星鰻稱為梅雨星鰻，骨骼柔軟，肉質鮮嫩，可說是無上的美味。

「星鰻以一尾大約一百克左右，可以做成兩、三貫壽司的大小最鮮甜。」用這樣的星鰻仔細地煎煮。當然松下先生連去鱗片這個步驟，也做得格外地仔細。

「星鰻的鱗片在光滑的體表下方，所以去鱗時要先用讓熱水燙，再用湯匙刮掉。」這個步驟可以除去土臭味跟生腥。

「江戸前的煮法，是所謂的『澤煮』，比較清爽。」

剔除的魚頭跟魚骨，在豐富滋味上也扮演了很重要的功能。燒烤後，煮成湯底，加點酒跟一滴滴醬油、砂糖，用來調煮星鰻。煮好後，把剩下的湯汁續煮至只剩下五分之一左右。這個步驟要重複幾十次，累積湯汁後再加上醬油跟砂糖，總共要花上十小時呢。

「有些店會用所謂的『下馬汁』，就是拿太白粉來簡單勾芡，可是不這麼細細悠悠地做，做不出好吃的醬汁。」

星鰻經過上述步驟調理後，在食用前還得經過一道手續。

「擺在箬竹葉*上，烤得溫熱後遞給客人。這道『星鰻私語』很有情趣吧？」

握好遞出的星鰻，是經過上述那樣繁複的工夫，我覺得自己應該要用心品嚐。

「鰻魚以尾端最為滋美，不過星鰻因為常運動到頭部，所以靠頭部的肚子部位最好吃。」

捏握時，要把靠頭部的部位，皮朝上捏握，如果用的是尾端的魚肉，則把體腹朝上。

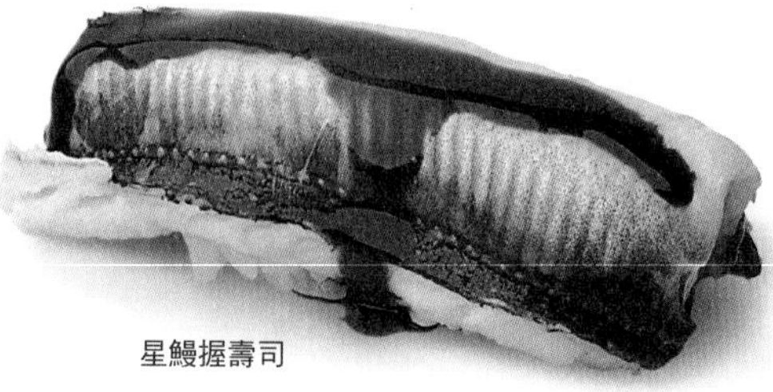

星鰻握壽司

＊箬竹葉（笹）在日文裡讀成sasa，而低語（囁き）則讀成sasayaki，這道壽司採諧音之趣來命名。

熬煮

將湯底與酒以6：4的比例煮沸，加入醬油與少許砂糖後，以慢火煲煮20至30分鐘，並浸泡半天，使其入味後拿出來濾乾。

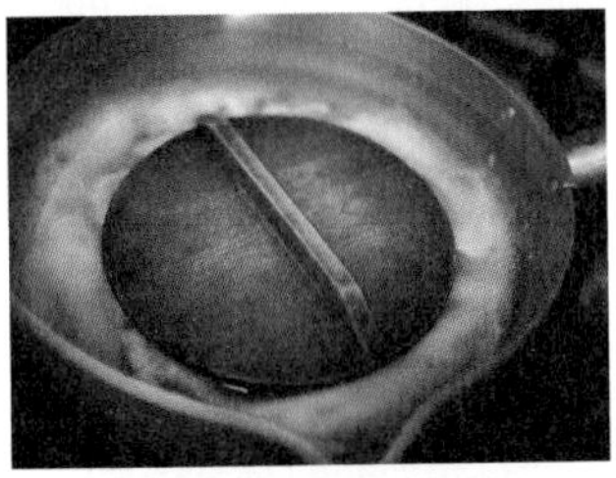

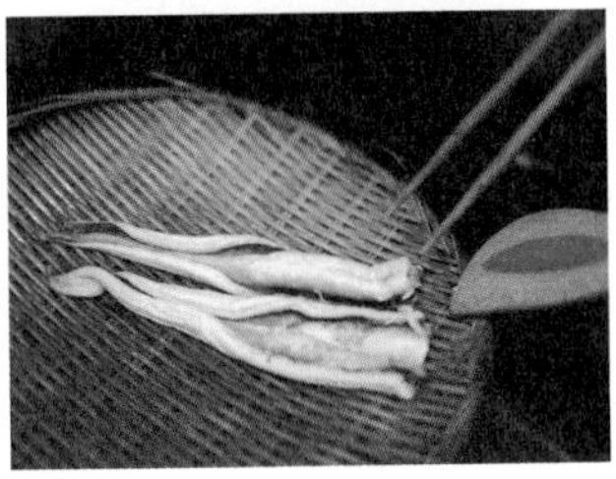

製作湯底

把魚頭跟魚骨擺在烤網上烤至上色，接著置入可完全浸泡星鰻的熱水裡，熬煮約15分鐘後，濾掉魚頭、骨與渣滓。

片魚

沿背骨片開，拿掉內臟、洗淨魚血。接著以熱水澆淋後，立刻置入冰水內冰鎮，以湯匙去鱗。

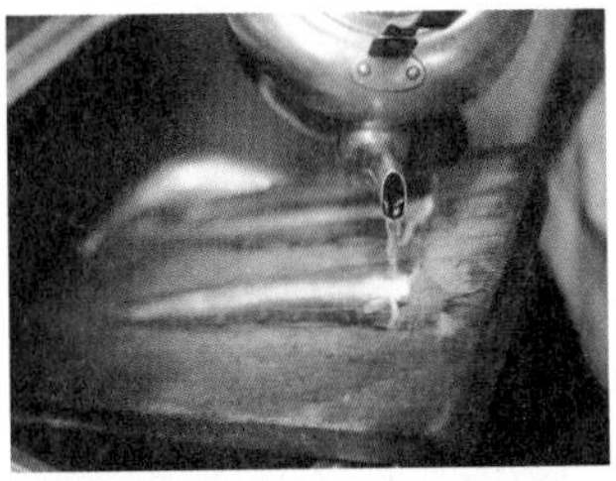

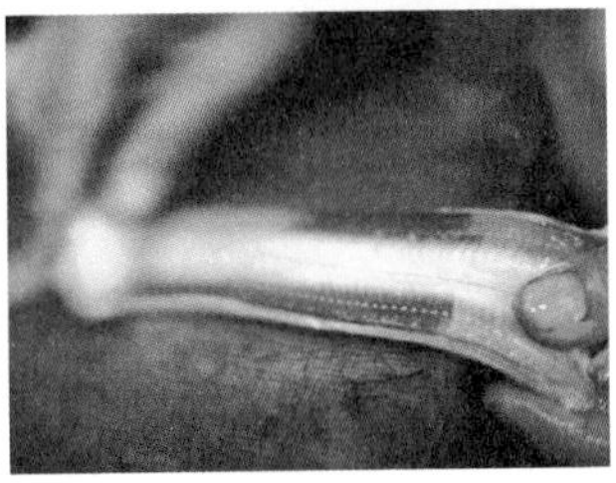

 文—高橋良枝　攝影—日置武晴　翻譯—蘇文淑

料理家Ｉｖｙ的私房食譜❷

台灣日日家常菜

春天的腳步已近，料理家Ｉｖｙ為我們介紹兩道非常爽口的台灣家庭料理——櫻花蝦炒飯與五味透抽。

櫻花蝦是台灣名產，細緻的香味與粉紅色澤，能替料理增色不少。

櫻花蝦炒飯經常出現在坊間餐館菜單上，自己動手做，一點也不難，是一道非常適合闔家享用的料理。

櫻花蝦炒飯

Ivy的櫻花蝦炒飯，除了雞蛋、蔥花、洋蔥，還加入切碎的高麗菜，不但健康、能增加咀嚼時香脆的口感，而且讓炒飯吃起來更清爽。

■材料（6人份）

台灣長米或泰國米——1.5杯
蛋（打散）——2顆
洋蔥（切小丁）——半顆
高麗菜（切小丁）——200公克
青蔥（切蔥花）——1支
櫻花蝦——1杯
鹽——1小匙
白胡椒粉——適量

■做法

- 米洗淨，內鍋加入比平常煮飯少20%的水，用電鍋煮好燜15分鐘。
- 取出飯鍋，馬上用飯匙輕輕把飯打鬆，完全放涼了才可以炒飯。
- 鍋子熱2大匙油到很熱，倒入雞蛋快速攪拌成碎蛋皮，到快要凝結時即起鍋備用。
- 再熱2大匙油，用中火炒軟洋蔥，接著加入高麗菜和蔥花，略微拌炒約20秒即撈起備用。
- 再熱3大匙油，倒入櫻花蝦，小火將櫻花蝦炒酥，小心不要炒焦，撈起備用。
- 接著下飯，用炒菜鏟背面輕輕把飯推散，邊推邊翻炒，直到所有飯粒都炒開來。
- 接著倒入洋蔥、蔥花和高麗菜，與飯翻炒均勻。
- 加入炒蛋，快速拌炒，加鹽和胡椒粉調味，隨即拌入櫻花蝦，快速翻炒幾下就起鍋，盡快吃完，櫻花蝦才能保有香酥感。

＊炒飯不用隔夜飯，因為隔夜飯會失去水分，飯粒偏乾。當天提早煮飯，用比平常少量的水把飯煮乾些，只要打鬆放涼，飯粒外表乾爽彈牙，裡面濕潤，這樣的炒飯才好吃。

五味透抽

一般人做五味透抽，會直接使用已經調配好的五味醬。其實這道菜的做法已經很簡單，除了汆燙透抽，不妨花一點時間自己調配沾醬，不但能自行控制酸、辣、鹹度，還可拿來沾蝦仁、蚵仔、豬肉或炸豆腐。

■材料（3人份）

中型透抽（洗好剝皮）──1隻
薑片──4片
蔥──1支
米酒──2小匙

•五味醬

番茄醬──4大匙
鹽──少許
糯米醋──½小匙
蔥花──1大匙
辣椒（去籽切碎）──2小匙
蒜末──½大匙
薑末──½大匙
水──1小匙
香油──½小匙

■做法

•將透抽從背骨透明的一條薄肉處切開成一片長三角形。

•把體腔內再清乾淨，由內側每隔半公分劃斜刀，刀線不要太深以免切斷透抽。

•接著換90度方向再劃滿斜刀，讓整片透抽呈現格狀的切紋。然後由尾巴處橫切片，每片約2.5公分寬，超過尾部⅓處時再直切對半，這樣每片肉大小才會一致。

•將蔥、薑、酒放水中煮滾，放入透抽燙熟、不到1分鐘，撈起放涼。

•將五味醬料拌勻當沾醬。

＊燙透抽時，要用筷子在水中把透抽翻動讓受熱均勻，不需煮到水再滾，否則透抽會變老，只要顏色變白，肉捲曲即可撈起。

＊五味醬主要元素為蔥、薑、蒜、辣椒和醋，比例可依個人喜好調整，基本上整體味道是酸、香、辣。

 料理─ Ivy Chen　攝影─李維尼　採訪─褚炫初　器皿提供─小器食堂

桃居・廣瀨一郎此刻的關注❻

探訪
高仲健一的工作室

大清早走進山林，
在瀑布旁打坐、吟詠古詩、臨帖。
然後，砍柴、照料動物、耕田。
高仲健一的作品，
是在這樣的日常之中孕育出來。
與家人和許多小動物生活在
汽車導航也找不著的房總深山，
高仲先生正如大自然一樣，
兼具寬大，與深藏不露的嚴峻。

文—《日々》編輯部　攝影—杉野真理　翻譯—褚炫初

2006年11月完成的蛇窯也是親手建造的。
要在桃居展覽的作品也正在此燒製。

房總半島有幾座小巧相連的高山，高仲先生的家與工作室，就在其中一座的山頂。前往高仲家的路標，只有綿延不絕的電線桿。白色牆壁的家，聳立在背景是透明的藍天下。

將原來是兩千坪竹林的土地開闢出來，從木材、土牆、杉木皮到屋頂等等，全都是「真材實料」，在高仲先生與當地木匠及朋友們的協助下合力完成的。

「因為沒有遮蔽物，所以颱風來時雨水橫著打過來，就會滲入土牆讓家裡浸水呢！」

這裡用的是井水，雖然有電，但沒瓦斯。因為沒有天然氣，所以拿燒柴的火爐或圍爐裏的炭火來做飯。寬敞土間的正中央，是燒著柴的火爐，炊煙將挑高的屋頂，染上一層淡淡的墨色。

高仲先生的家族成員有曾是高中同學的妻子明子小姐，以及兩男一女的孩子。另外除了十一隻貓咪和四隻狗，還養了豬、山羊與兔子，加上在山林裡自由出入的鴨子家族，以及每天都會生幾顆蛋的雞，

高仲先生喊一聲，家人和小狗小貓都跑到玄關集合。左起三四郎、壽壽子、論助、明子小姐。

從涼亭到主屋的沿途，
彷彿是條動物小路。

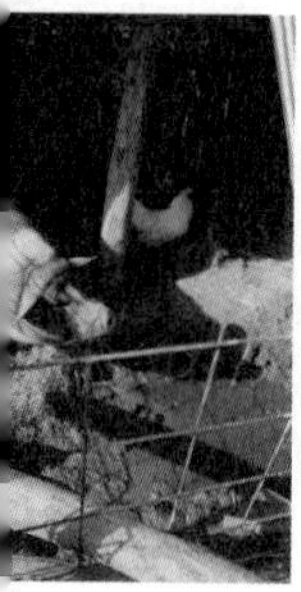

叫做「湯姆」的豬與兩頭羊，
還有叫「小梅」的巴哥犬。
取了名字的動物是寵物，所以不會吃。
因為這樣，所以雞和鴨都沒有名字。
雞鴨們自由地走來走去。
聽說猴子、鹿、山豬也經常出現。

寬敞土間的正中央是燒柴的爐火，
明子小姐煮飯的地方也在這裡，
土間旁邊就是有圍爐裏的房間，
這裡既是家人的起居室，也是客廳，
也可以和朋友圍在此享用鴨肉或雞肉火鍋。

全部加起來成為一個龐大的家族。

光用一句「陶藝家」來稱呼高仲先生，實在不足以形容。他所崇尚的是「終極的學問」。由那裡衍生出來的，有的是陶藝、也有書法和水墨畫，正如從學問的骨幹所延伸的枝枒，百家爭鳴。

「有陣子接觸到古詩、論語和水墨畫，覺得很新鮮，於是想要深入鑽研更深」從有這念頭的那天起，他開始自學中國與李朝的文化。

廣瀨先生是這麼說高仲先生的：「他的作品落落大方，又很有人性，我認為那就是高仲先生的人品。」

他的書房有堆積如山的古文典籍。每天每天，都在此臨著古帖拓本，中午到山頂的涼亭吟詠古詩。沒人要他這麼做，為了與工作無關的學問堅持著，我認為若非自律甚嚴，一定辦不到。

但另一方面，與我們談天說地的高仲先生既瀟灑又愛開玩笑，人很爽朗。穿著胸口破了個小洞的毛

夾著土間的起居室的另一邊，
是備有三台轆轤的工作室。
一直延伸到天花板的棚架上
排滿了乾燥中的器皿與至今為止的作品。
從窗戶可遠眺房總的群山和星星，
是多麼美好的光景。

高仲健一（Takanaka Kenichi）

1966年生於茨城縣取手市，高中便立志成為畫家。大學主修經濟，之後到東京成為上班族。1993年，26歲時移居千葉縣大多喜町，開始自學做陶。2006年，於現在的土地上興建自家與工作室。不僅止於陶藝，亦從事書法與水墨畫的創作。他於全國各地舉辦的個展，結合了書法、繪畫和陶藝的展示廣受好評。

在這座山頂的石碑旁，
是為了吟詩而搭建的亭子「澄練坊」。

衣，非常符合高仲先生不在意這些凡俗瑣事的個性，讓人看了也跟著心情愉快。

「桃居」個展第一天，來到凡間的高仲先生，顯得有些不自在。不過，開始說明花了一個月畫出來的精緻水墨作品「虎溪三笑」後，山上的那個高仲先生就回來了。

對於以永遠的主題「龍與蓮花」所描繪的大壺，他說：「我覺得，這裡如果有隻手，好像會比較有趣耶！」因此而加上的龍手，可愛又有幽默感，感覺得出高仲先生的落落大方。

求學問的成果，也反映在陶藝作品上，加上水墨畫與書法，形成一個不可思議的、高仲先生的世界。

高仲先生最喜愛的，是李白和杜甫在世時的唐朝。他還想更深入地去學習，對於那個既混沌又從容的時代，「比起過分洗鍊而呼吸困難，悠悠然做出來的東西，看得人也會比較快樂。」

廣瀨先生也點頭稱是。

自由而沉穩的波動
孕育出力道強勁生動的器皿

文—廣瀨一郎　翻譯—褚炫初

「邊緣以雲朵裝飾的三島大盤。器皿表面用刮刀刻畫出圖樣，
塗上白泥之後，上透明釉燒製而成。這是李朝陶器代表的工法，
呈現出結構的大器、從容，安安靜靜地傳達出，
與韓國半島上的陶器職人氣味相通的『穩定』與『沉靜』的波動。」

■直徑400×高70mm

「長壺上生動地刻畫了呼喚著雲彩的龍。象徵著冰清玉潔的『蓮花』、
以及擁有超越人類智慧神力的『龍』，是自己一直在追尋的重要題材。
對古陶器的敬慕、持續不綴的研究與臨摹，
自由豁達的精神讓龍的肢體充滿力道強勁的動感與節奏。」

■直徑200×高460mm

桃居　東京都港區西麻布2-25-13　☎03-3797-4494　週日、週一、例假日公休　http：//www.toukyo.com/
廣瀨一郎以個人審美觀選出當代創作者的作品，寬敞的店內空間讓展示品更顯出眾。

桃居・廣瀨一郎此刻的關注❼

探訪
羽生野亞的工作室

羽生先生的作品，
已經完全超越了所謂「木器」的侷限。
自由的形體與邊際、不平整的觸感等等，
使他的作品有種超越日常器皿的雕塑感。
「你打算怎麼使用呢？」
作品本身像以壓倒性的存在感般，欺身逼問。
羽生野亞的作品——
一個離工業產品最遙遠的地方。
這回，讓我們一起來探訪他的工作室。

文—《日々》編輯部　攝影—日置武晴　翻譯—蘇文淑

「下次我們去看羽生野亞吧。」

聽到廣瀨先生這麼說時，一瞬間，我慌了。因為羽生野亞的作品有種很強烈的性格與態度，我想那一定是因為創作者本身的性格也很濃烈的緣故。但也因此很想會會這個人。

羽生的工房坐落於關東平原的正中心，是一片從日光街道往裡走一會的田園地區。在那片連屋帶地從農家手中接收過來的土地上，除了主屋外，還有貼上日本落葉松原木的大工作室，以及幾間大小倉庫。

主屋的外觀與日本隨處可見的尋常住宅沒什麼不同，可是一踏入室內，那裡頭就是羽生先生的天地了。從玄關到廚房、洗手台，沒有一個地方不曾經過他的改裝。客廳的牆壁與地板塗成全白，桌子是他自己做的，窗邊設計了一些給孩子玩的攀爬架，最令人驚豔的，則是像遊樂場裡「旋轉咖啡杯」般的圓形椅子。這裡簡直是M. C. Escher筆下的錯覺畫，把客人捲入一個不可思議的世界，充分展現出他的童心。

這是個被編織結城紬的太太曜子，以及兩位千金給包圍起來的羽生世界。

羽生先生出生於神奈川，在藝大裡專攻工業設計，畢業後任職於產

玄關上來之處（日文中稱「上框」）。出自羽生先生之手，充滿溫暖的色澤與線條。

桌子旁是攀爬桿與鐵棒，塗白的木桿與鐵條都是為了孩子設計的。

羽生一家人在圓形椅子上休憩。小學三年級的百華跟三歲的真花已經完全習慣家中設計。窗邊宛若窗簾的是木作的裝飾。

特地做了檯面來擺放從福島揀回來的石頭。
石子井然羅列。

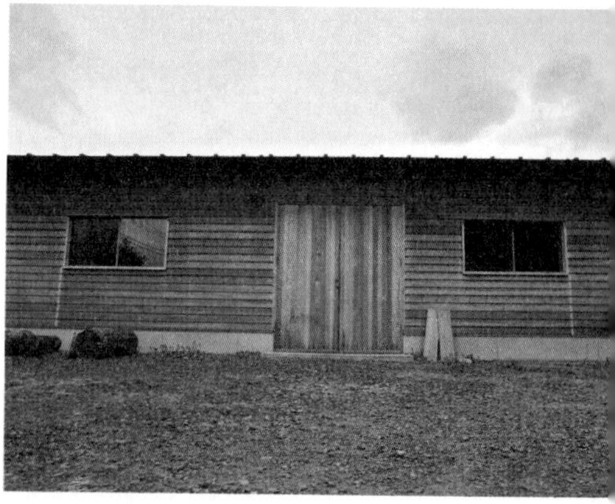

由舊倉庫擴增改建成的工作室十分寬敞，
使用日本落葉松原木的外牆，線條凜直優雅。

另一頭放置作品，以白板遮擋。
由於有展覽，採訪當天幾乎已全部外借。

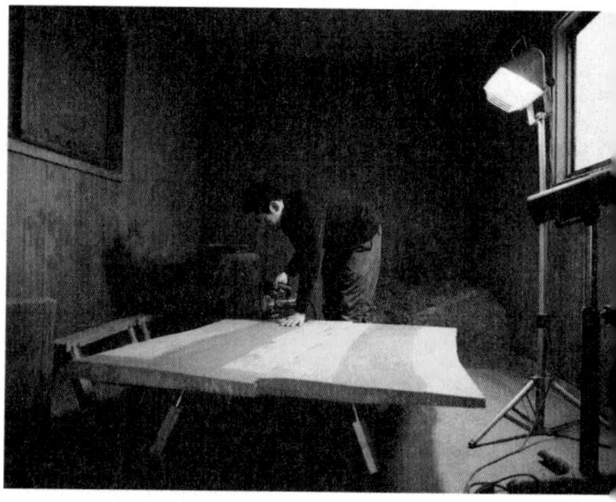

接受委託訂製中的大木桌。
從搭配木頭紋理與色澤開始創作。

品設計公司。「那時候設計了一些電視等家電跟大型產業機械。」

羽生先生雲淡風輕地這麼說。工業設計的宿命，恐怕就是從設計到商品化為止，得經過許多人的手，最後完成的東西跟自己當初所設想的不見得一樣。

「但我希望從一開始到最後都是自己的東西，這種念頭愈來愈強。」

兩年後，他辭去設計事務所的工作，踏上木工創作的道路。最後他的作品呈現出來的意象，可以說是離工業產品最遙遠的另一頭。

那看起來似乎是在土壤裡長久朽化後的質感，一點都看不出是經過縝密計畫後的設計成果。

「這種消除創作者本身存在感，看似沒有經過任何人工的作品，需要相當的知性訓練。」

廣瀨先生如此表示。這種看似沒有經過設計，在「傾聽木材的聲音」中所孕造出來的作品，沒有一

工作室底有個設置柴火火爐的休息區。右邊廣瀨先生坐著的那張椅子，亦出自羽生先生之手。
最近他的創作，有愈來愈多這種無染色的作品。

件是相同的。

要製造出這種朽化般的質感，除了造型外，染色也是個重要關鍵。以草木原料去染色後，還會塗上能保持木質天然凹凸紋路的優麗坦（urethane）透明塗料。

「塗裝技術一直在進步呢。」

廣瀨先生表示。此外，在表現木質的溫潤與柔和觸感時，鉋削的技術也很重要。羽生先生從不斷失敗中，尋覓出完全超越木工常識的獨家技術。

「直接鉋削的話，那就輕鬆多了。這種喀喀答答的加工方式，課本裡不會教。」

羽生野亞（Hanyu Noa）

1965年生於神奈川縣相模原市。於多摩美術大學專攻工業設計，畢業後，自1989年起任職GK股份有限公司，擔任產品設計師兩年後，進入技術學校學習木工，展開創作生涯。1995年獲頒朝日現代工藝展獎勵賞、1996年獲邀參加朝日現代工藝展，同年拿下日本工藝展金獎、工藝都市高岡工藝展金獎，1998年獲邀於工藝都市高岡工藝展參展。曾舉辦多次個展與聯展，兩年前於茨城縣古河市設立工作室，以有別於其他創作者的獨特手法與風格，挑戰多元創作。

靜靜刻劃下的「時間」與預告著豐厚未來的「時光」。

文—廣瀨一郎　翻譯—蘇文淑

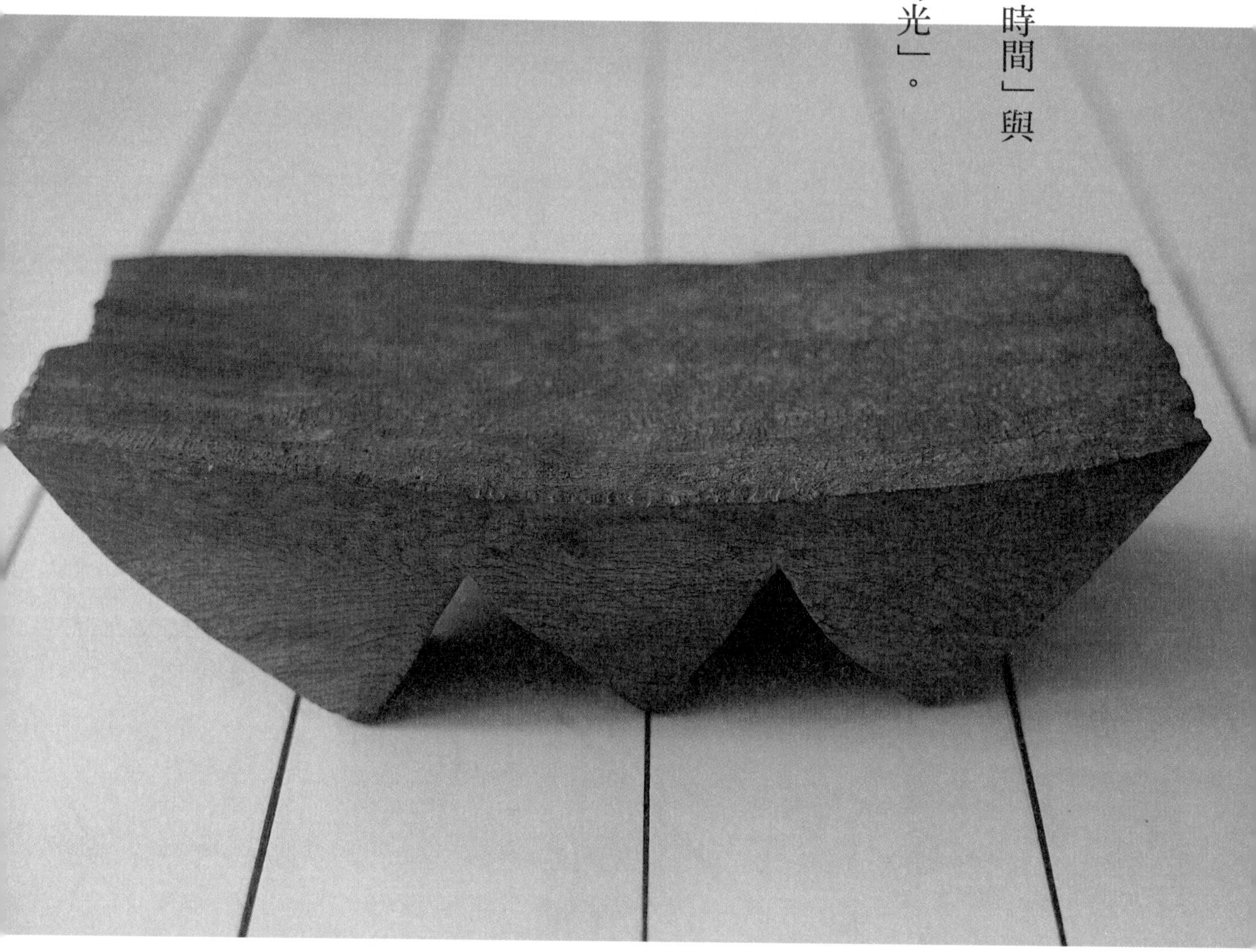

「望著木頭、土石這些自然材質時，我的目光不禁被
『時間』這項人類無法控制的存在所創造出的無窮變化給攫獲。
羽生先生的技巧，蘊藏在這形貌原始的踏腳台中，
靜靜刻劃著唯有『時光』才能醞釀出的豐厚變化。這一切，經由
消弭手工痕跡與創作者本身的存在感這種極其知性的作業，而得以成就。」

■欅木　寬515×深245×高135mm　非賣品

「堆降、積累在木頭上的時光——顛覆了至今為止，
擬仿風雨吹打而朽腐的自然質感，以這個盤子直截了當地
呈現出白木原本的姿態。樹木被伐後雖然一度失去生命，
但藉由人類之手，再度注入新的氣息。
接著在長久的歲月中，一路成長變化。
或許創作者也希望觀者能從這盤子中感受到未來豐富的時間性吧。」

■櫸木　長410×寬485×高45mm

桃居　東京都港區西麻布2-25-13　☎03-3797-4494　週日、週一、例假日公休　http：//www.toukyo.com/
廣瀨一郎以個人審美觀選出當代創作者的作品，寬敞的店內空間讓展示品更顯出眾。

日日歡喜❽

「亞麻製品」

《日々》工作團隊中的女性們
個個都喜歡亞麻製品。
常用的亞麻從廚房抹布到各式各樣的產品都有。
配合「亞麻床單」特集，
介紹大家喜歡的亞麻製品。
包包、襪子、洋裝等一應俱全。

久保百合子（造型師）

芬蘭製的毛巾

它來自一個叫做「JOKIPIN PELLAVA」的品牌，與它相遇的故事可以追溯到好幾年前我到芬蘭旅行，當時實在買不下手只有忍痛放棄，沒想到回到日本，在池袋的ILLUMS百貨公司的特賣會上再次相見……。適中的軟硬度與彈性，洗完臉後拿來拍打去除水氣十分好用。一開始的觸感有點硬，但洗了幾次後，觸感就變得越來越舒服。

松長繪菜（料理家）

紅線條廚房抹布

這些比利時、法國、英國等世界各地所產的亞麻桌巾，有的是出清商品，有些是二手的，也有些是新品，是我一條一條在國內或每個旅行地買來，陪我一起每天在廚房裡工作時使用的伙伴。織有紅線條的必是廚房用的。將它們一同收在籃子裡，看起來好像兄弟姊妹。

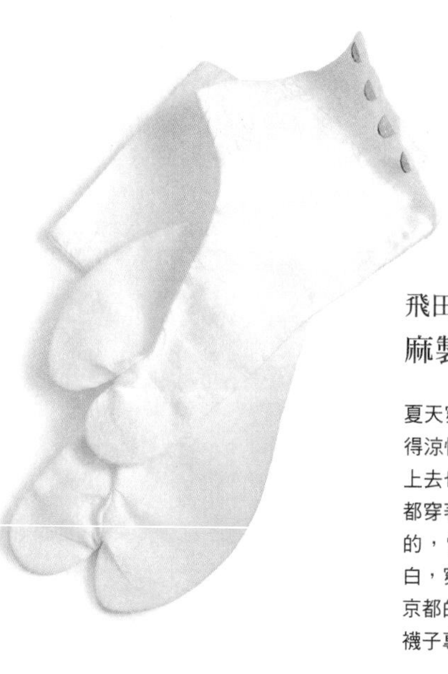

飛田和緒（料理家）

麻製襪子

夏天穿衣服時，總會想辦法該如何穿得涼快點。麻布穿起來觸感舒適，看上去也很清涼，因此我時常由裡到外都穿著麻製衣物。也因此，腳上套著的，當然就是麻編的襪子。硬挺潔白，穿起來格外感到舒爽。我都會到京都的麻製品專賣店「麻小路」或是襪子專賣店「分銅屋」去選購。

草苅敦子（日日工作人員）
涼爽的圍巾

仔細想想，一年到頭我都圍著圍巾。這條輕盈樸素的圍巾是在「fog」買的。它不僅輕柔，圍在脖子上舒服又好搭，且又透氣、顏色很清爽，不論哪個季節都很好用。同時，也是我第一個「100%亞製品」，對我而言，具有十足的紀念性。

公文美和（攝影師）
連身裙

去年夏天的尾巴，我與松長繪菜小姐一行人去逛麻製品專賣店「linen bird」時看到這件連身裙，我把它當做居家服，一年當中都穿著它。因為是厚麻布所製，不會太過甜美，覺得很適合我。總之就是喜歡它輕柔的觸感，每洗一次就更覺得穿起來好舒服。我想我應該會穿到它破掉為止吧。

高橋良枝（編輯）
最喜歡的購物袋

它是在京都的「惠文社一乘寺店」買的，看起來卻很像法國的麵包店送的袋子。不論是國內外旅行我都一定會帶著它一起，每次出門都會把它折得小小的放進包包裡面，但回來時通常都會裝得鼓鼓的。長50×寬42cm的大小，又很厚，因此就算是很貪心地買了一堆食物或書，都能放得進去。

米澤亞衣（料理家）
二手圍裙

我雖身為料理家，卻很不喜歡用圍裙，只有這條例外。有次我在住巴黎的朋友家看到一條簡單卻很有味道的圍裙，一直用羨慕的眼光盯著捨不得放，後來在市場上發現一條一模一樣的，於是他就買來送我。古老的麻布有著柔軟的觸感感，單單只縫上一條綁帶的簡單，連原本討厭圍裙的心都被融化了。

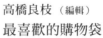

專欄　植物日和❺

與青苔同行

圖、文—林明雪

有一本和青苔有關的自然讀本，書名是《與青苔同行》（苔とあるく），作者是田中美穗小姐。原本這本書只有日文版，很幸運地也找得到中譯本，書名為《洋溢幸福的青苔小世界》。

作者田中小姐在日本岡山縣倉敷市的老街經營一家名為「蟲文庫」的舊書店，因為著迷於青苔的觀察和研究，是同好口中的青苔小姐。小小的舊書店裡，除了販賣自然科學相關的書籍外，也展示了田中小姐喜愛的海膽、礦物、青苔等標本。

田中小姐總是在身上帶著放大鏡，在路上遇見青苔，便蹲下來靜靜欣賞個半天，就連路過的貓都對她感到好奇。這本書寫的就是田中小姐眼中的青苔世界。書裡除了介紹青苔的知識之外，還可以讀到有趣的青苔隨筆：採集青苔時背包裡該帶什麼道具、如何製作青苔標本、喜歡的青苔文學有哪些、試炸青苔天婦羅等等，這些有趣的內容都用圖文搭配的方式呈現出來。另外，書裡青苔的照片也很精采，拍攝這些照片的攝影家伊沢正名先生，本身也是青苔的熱愛者。

讀了這本書之後，我也興起在住家附近尋找青苔的念頭，這才發現，同樣是青苔，長在牆縫間的這一團和生長在盆栽裡的那一團竟是這麼不同。要辨認青苔的種類十分困難，但光是發現青苔有這麼多樣貌，就是一件有趣的事。把尋找青苔當成看完這本書的習作，來看看我找到了什麼？

1

這是盆栽裡最常出現的青苔，它的植株很小，小到不知怎麼描述，也查不出種類。要形容的話，就像絨毯一樣毛茸茸的，摸起來很柔軟。畫圖時，找來了一個小盆栽邊看邊畫，發現裡面不只一個種類的青苔，其中還有一個小蕈菇剛剛從盆栽的邊緣冒出來。

2

在鄰居家的盆栽裡找到的青苔。應該是立碗苔，上面一根根像火柴棒一樣的構造稱為「孢蒴」，孢蒴上的帽子掉下來後，裡面的孢子會飛到別處，長出新的青苔。相較於其他肉眼難辨的小型青苔，立碗苔的外型算是好辨認的了，除了葉片較大之外（其實也不過0.5公分長），孢子飛走後留下一個又一個的碗狀容器也是它的特徵之一。

3

這個不知名的青苔是我喜歡的青苔。在常去的一處散步道的樹蔭下發現它。它的孢蒴長得像一盞盞的路燈，採集了一小部分用容器裝著放在桌上，看著的時候總會想起黃昏時走在一整排路燈下的那種心情。

4

在公園裡一處瀑布造景的岩石上找到的青苔，它叫土馬騌，是常見的青苔種類。比起在其他地方看到的同類，生長在瀑布旁的土馬騌特別美麗，想必是吸足了水氣的關係。因為平常看到的青苔植株都很小，看到這群土馬騌精神飽滿地展開星芒狀的葉子時，也稍稍被感動了。從岩石上剝下一小叢，可以清楚看到葉子下方纖細直立的「假根」。順帶一提，苔蘚植物是靠著葉表吸收空氣中的溼氣來獲得水份，這些像根一樣的鬚狀物，它們的作用是幫助青苔附著在土壤或岩石上。

5

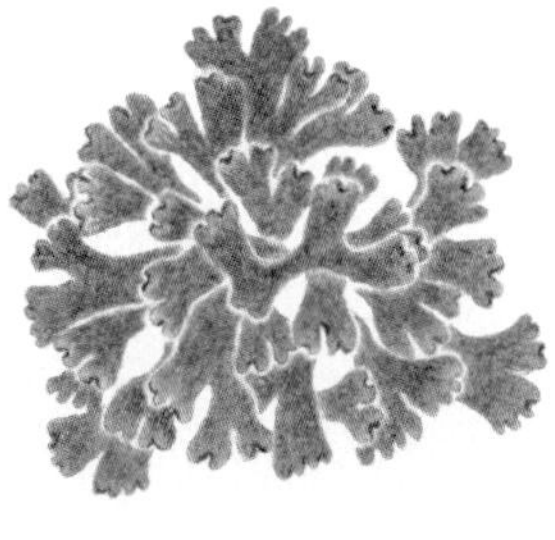

這是名為「地錢」的青苔。它的葉形像腳丫，看看那些向外蔓生的葉子，一片接著一片像是要逃到哪裡去。這麼一說，這些地錢原本就是跟著花市的盆栽，一路來到家裡的！

花與生活 5

一束粉嫩的春意

文—Frances　攝影—李維尼　場地提供—日子咖啡

美麗的手綁花束，最常見的就是新娘捧花。但其實一般送花束給人的時候，花店所搭配包裝的也是屬於手綁花束。平常在家裡即使不用插花的方式，綁起一束花，插在瓶子裡，就不會因為瓶口的大小而散開，壞了花形，也能成為居家美麗的裝飾。

林連素珍

德國花協（FDF）與工商總會（IHK）
Master Florist考試通過（歐盟認證），
現任行政院勞委會技能競賽花藝職類裁判團成員，
中華花藝研究推廣基金會花藝教授及副執行長。

粉嫩的玫瑰與桔梗在雪白點點的滿天星包圍下，
仿彿訴說著春天的到來。
僅僅是一束花，就讓人有小小的幸福感，
心情隨之生氣盎然了起來。

主要材料：粉玫瑰、桔梗、滿天星、楠天竹、小熊草、電信蘭葉

① 將主要的粉玫瑰與桔梗輪流搭配，用一隻手握住。

② 均衡搭配滿天星與楠天竹、小熊草。邊加入新的花，邊調整整束的形狀與平衡感。

③ 最後加上大片的電信蘭葉圍住外圍後，用繩子綁緊。

④ 綁緊的花束自然可以站立，即使不放入花瓶，也可以在下面放置淺的水盤，讓莖可以吸得到水即可。

花藝新手 Tips

手綁花束需要多加練習才能掌握均衡的花形，剛開始可以選擇枝莖較細的花材必較容易握住。

- 手握點以下的葉子要除乾淨，才不會污染水質。
- 所有花材順同一方向加入，形成螺旋花腳，可自由站立。

日々・日文版 no.7、no.8

編輯・發行人——高橋良枝
設計——赤沼昌治
發行所——株式會社Atelier Vie
http：//www.iihibi.com/
E-mail：info@iihibi.com
發行日——no.7：2007年3月1日
no.8：2007年6月1日

日日・中文版 no.5

主編——王筱玲
大藝出版主編——賴譽夫
大藝出版副主編——王淑儀
公關行銷——羅家芳
設計・排版——黃淑華
發行人——江明玉
發行所——大鴻藝術股份有限公司｜大藝出版事業部
台北市103大同區鄭州路87號11樓之2
電話：（02）2559-0510　傳真：（02）2559-0508
E-mail：service@abigart.com
總經銷：高寶書版集團
台北市114內湖區洲子街88號3F
電話：（02）2799-2788　傳真：（02）2799-0909
印刷：韋懋實業有限公司

發行日——2013年4月初版一刷
ISBN 978-986-88997-3-5

日日 / 日日編輯部編著. -- 初版. -- 臺北市 ：
大鴻藝術, 2013.04　56面；19×26公分
ISBN 978-986-88997-3-5（第5冊：平裝）
1.商品 2.臺灣 3.日本
496.1　　101018664

日文版後記

因為採訪村上孝仁先生到了福岡，我們在那裡見到許多人。村上先生為我們帶路拜訪了藝廊、咖啡店、飯館，還有吉井町的諸位，都是非常有魅力的人。

在房總山上生活的高仲先生一家人，面對自然的美和嚴峻，每天必須靠著燒柴和炭來料理三餐的生活，雖然是日本各處仍可見到的生活景象，但我想那是一種回不去的生活方式。看著氣質純樸可愛的高仲太太的手，顯現出生活者的堅強面，讓人非常感動。

另外，我們也到烘焙咖啡的大宅稔先生所居住的美山町，買了當地栽種的「蕎麥粉」。用蕎麥實磨成的蕎麥粉，香氣濃郁，是一種加了水之後，就會變得相當扎實的粉。雖然採訪的旅行，行程總是非常緊湊，無法有觀光的時間，但我們總是儘可能想要找一些有當地色彩、甚至是當地才有的食物，這次的收穫就是「蕎麥粉」。

亞麻的好觸感要實際用過才能感受得到。自從床單或被套改用亞麻布之後，我的睡眠品質就提升了。冬天爬上床的時候，更能感受到它的舒適感。光是接觸肌膚，不會有瞬間的冰冷感，就讓人非常滿意，而且因為亞麻質地的空氣含量高，溫暖度也不一樣。使用之後，我才感受到亞麻不只是適合夏天，更是讓一年四季的生活都更加舒適的材質。（高橋）

中文版後記

本期出刊的時候，日本已經邁入了櫻花季節。伴隨著春天腳步而來的同時還有令人恐懼的花粉（花粉來自於杉樹）。今年再加上來自於中國的黃砂，以及連幼稚園生都琅琅上口的空氣污染指數PM2.5，讓人不免感嘆怎麼現在連吸一口新鮮的空氣都如此困難。原來美好的陽光、空氣、水才是我們最真切的美好生活。

雖然腳步有點艱辛，但日日也邁入了第五期，一些朋友跟我們反應紙質的問題，但這也是我們在權衡各種輕重利弊之後，所做出讓這本雜誌可以走得更穩更遠的決定與承諾，希望大家今後也不吝繼續支持！（江明玉）

大藝出版Facebook粉絲頁http：//www.facebook.com/abigartpress
日日Facebook粉絲頁 https://www.facebook.com/hibi2012